# MANIERE
## DE PROVIGNER
# LA VIGNE
## *SANS ENGRAIS.*

PAR

M. DE SAUSSURE,

PROFESSEUR EN PHISIQUE DANS L'ACADEMIE DE GENEVE, &c. &c.

A BERNE

CHEZ *LA SOCIÉTÉ TYPOGRAPHIQUE.*

M DCC LXXV.

# MANIÉRE

# DE

# *PROVIGNER LA VIGNE SANS ENGRAIS.*

LA culture de la vigne eſt un objet très intéreſſant dans notre pays, puiſque la vente de nos vins fait la principale rente de nos campagnes; mais la maniére dont on y éxécute la provignure, opération dont dépend particuliérement la proſpérité de cette plante, me paroît entiérement défectueuſe; quoi! dis-je la premiére fois que je vis provigner chez moi, on plante la vigne ſur la terre mére, quelque dure qu'elle ſoit, ſans aucune culture inférieure; car provigner c'eſt planter, du moins l'effet en eſt le même; plante-t-on aucun arbre, aucun arbuſte avec auſſi peu de ſoin?

Cela me frappa comme une très-grande erreur, & j'eus d'abord quelqu'envie de la corriger : mais je réflèchis que si cette observation étoit juste, tant de gens éclairés qui s'occupent avec intérêt de la culture de la vigne, sur-tout en Suisse, l'auroient bien faite avant moi, & cette réflexion m'arrêta aisément, dans un tems où je m'occupois beaucoup plus de la culture du bled, sans penser à la grande influence que l'une peut avoir sur l'autre : mais lorsque dans la suite j'ai voulu planter de jeunes vignes, & que j'ai étudié un peu plus sérieusement les principes de cette culture, mon observation est revenue me frapper avec plus de force que jamais, j'ai rejetté ma réflexion comme un vain scrupule, & je me suis livré à mes nouvelles idées avec d'autant moins de retenue, qu'elles conviennent beaucoup mieux encore à de nouvelles plantations.

Quel égard mérite en effet cette réflexion ; si cette méthode étoit bonne, on l'auroit bien imaginée avant moi ? Reprimer là-dessus nos pensées, ne seroit-ce pas le tombeau de l'industrie ? Pourroit-on jamais espérer de perfectionner aucun art ? Car comment entreprendre d'y apporter quelque changement, sans commencer par se défier de la sagesse des anciens usages ?

L'ancienne agriculture en particulier, mérite-t-elle tant de reſpect? Puiſque tout le monde convient que cette ſcience eſt encore dans l'enfance, & que les payſans qui, quoiqu'on en diſe, ſont toujours regardés comme les maitres de l'art, ſont incapables de réflèchir ſur leurs opérations, & conſervent pour leurs anciennes pratiques un attachement inaltérable.

Examinons donc ſans prévention, comment on s'y prend dans ces pays-ci pour provigner la vigne: on fait au pied du ſep qu'on veut multiplier, un creux de la profondeur, au plus, d'un pied & demi, pluſieurs le font à peine d'un pied, après quoi on couche le ſep ſur le fond de ce creux, quelle qu'en ſoit la terre, en faiſant reſſortir par les angles 2 ou 3 branches qu'on appelle des pointes, on jette là-deſſus un peu de la meilleure terre, de celle de la ſurface, & enſuite, ſouvent long-tems après, on y met du fumier ou quelqu'autre engrais, & on achève de remplir le creux avec la terre qu'on en a tirée, quelquefois même on attend à faire cette derniére opération en foſſoyant la vigne.

L'engrais eſt abſolument néceſſaire en ſuivant cette méthode, pour ſuppléer en quelque maniére au défaut de fondation. Cette eſpèce de ſupplément convient extrèmement au vigneron, parce qu'il eſt fourni par le maître, au lieu que ce ſeroit à lui de prendre la peine de creuſer plus profondément; & il en eſt de même de toutes les exploitations où le propriétaire partage avec le cultivateur, celui-ci tâche toujours de tout faire au moyen de l'engrais, pour épargner ſon travail; de-là vient le cas infini que les payſans font de ce ſecours & leur négligence dans la culture.

Voici les inconvéniens que j'ai trouvés à cette maniére de provigner. 1. Le ſep couché au fond du creux, & long-tems avant qu'on le rempliſſe, eſt ſujet à être inondé dans les terres qui ne ſont pas bien légères, s'il ſurvient de grandes pluyes; il périt même s'il ſe joint à cela quelque gelée un peu forte, ce que j'ai vû arriver ſouvent; du moins il ne peut qu'être endommagé, & ſa végétation retardée par ce ſéjour dans l'eau; la vigne eſt de toutes les plantes que nous cultivons celle qui eſt la moins propre à croitre dans cet élément, & on la met au fond d'un puits, car un creux ſans écoulement n'eſt pas autre choſe: dans les cas où l'eau eſt abondante, les creux bientôt remplis ne peuvent ſe dégorger que par la ſurface, & n'empêchent point ainſi, ces ravines qui entrainent quelquefois les terres des coteaux.

2. Les fècherefles, qui ne laiſſent pas de nuire quelquefois à la vigne, épuiſent bientôt l'humidité de ces creux ſi peu profonds, & la vigne en ſoufre, deſſèchement qui eſt encore augmenté ou accéleré par la chaleur du fumier, comme je l'éprouvai en 1762: les vignes de nos environs qui promettoient au printems une recolte à-peu-près égale à celle de l'année précédente, donnérent un tiers de moins, & celles des miennes où il y avoit beaucoup de provins bien fondés, donnérent quelque choſe de plus.

3. Le fumier augmente le mauvais effet des gelées; Monſieur Duhamel obſerve dans ſon excellente phyſique des arbres *, que les gelées ſont plus fortes dans les terres fumées que dans celles qui ne le ſont pas, & j'ai fait des expériences avec deux thermomètres de Réaumur également gradués, qui ne laiſſent là-deſſus aucun doute **; j'apperçus déja en 1764,

* Part. 2. Ch. 3. Art. 2.

** On ſera ſurpris que j'attribue au fumier des effets ſi différens, que je lui faſſe augmenter tantôt le chaud & tantôt le froid; c'eſt pourtant un fait certain, il que celles de mes vignes qui n'avoient point eu de fumier depuis long-tems, soufrirent moins que les autres de la gelée du 4 Juin, mais cela me parut plus clairement encore l'année derniére 1772; je fus curieux après la gelée de Paques, de compter les boutons qu'elle avoit gâtés dans un certain nombre de provins d'une de mes vignes, j'y en trouvai 24, & dans un nombre égal de provins alignés comme les miens d'une vigne voisine, plus élevée même & plus escarpée que la mienne, il y en avoit 51, ma recolte fut aussi supérieure à celle de mes voisins: Je dois cependant ajouter que j'ai réiteré la même comparaison cette année, après les gelées des 7 & 8 Mai, & que le resultat en a été tout différent, ma vigne a beaucoup plus soufert que l'autre dans le même endroit; j'en ai d'abord été un peu surpris, mais quand j'y ai réflèchi, j'ai compris que le fumier doit produire particuliérement ce mauvais effet la premiére année, pendant que tous ses sels sont en mouvement, mais que cette cause n'étant plus la

augmente la chaleur dans la terre quand il fait chaud, & le froid quand il géle, je l'ai éprouvé au thermomètre, je laisse aux physiciens le soin d'en rendre raison.

même au bout d'un an, ma vigne devoit être plus ſujette à la gelée, comme plus baſſe & plus platte; Nous voyons cependant par-là combien le fumier augmente d'abord l'effet du froid, puiſqu'il fit perdre à cette vigne la première année, tout l'avantage de ſa ſituation & au de-là: ceux qui continueront l'uſage de cet engrais, pourront tirer de-là cette conſéquence, qu'il ne faut le porter à la vigne que bien conſumé.

4. Le fumier eſt ſouvent rempli d'inſectes qui rongent & coupent même les provins.

5. Dans les creux trop peu approfondis & remplis en grande partie d'un fumier qui ſe conſume bientôt, les ſeps reſtent ſouvent exposés aux coups du foſſoir ou du hoyau, c'eſt une obſervation d'un de mes vignerons.

Un ſixiéme inconvénient de cette méthode & bien reconnu, c'eſt que par l'effet du fumier, les raiſins ſont beaucoup plus ſujets à pourrir, & le vin à ſe graiſſer & à perdre de ſa qualité.

J'évite tous ces maux au moyen de la méthode que je pratique, elle conſiſte à faire les creux de deux bons poids de profondeur, & même un peu plus larges qu'à l'ordinaire, à mettre un demi-pied de la terre de la ſurface au fond du creux, à coucher le ſep ſur cette bonne terre, & à achever de le remplir d'abord, en obſervant de jetter toujours la meilleure terre la premiére, & de garder celle qui a été tirée du fond pour la ſurface, où elle ſe bonifie en peu de tems, ſans aucun engrais.

On voit clairement que des creux de deux pieds de profondeur, & d'abord remplis, doivent abſorber une plus grande quantité d'eau dans les tems de pluye, laiſſer le plus ſouvent au ſec le ſep qui n'eſt pas placé ſur le fond, & le préſerver de la gelée, & que dans les grandes inondations, où le creux ſe trouveroit rempli d'une terre inondée, ce qui ſera extrêmement rare, ſur-tout ſi le creux atteignoit à quelque lit de ſable ou de gravier, cet emploi d'une plus grande quantité d'eau préviendroit ces ravines qui entrainent les terres.

Cette plus grande profondeur de terre humectée pendant les pluyes, garantira la vigne de l'effet des ſèchereſſes, ou du moins le diminuera, comme nous l'avons vu.

Les ſouches couvertes d'une plus grande épaiſſeur de terre, permettront au vigneron de labourer auſſi profondément qu'il le voudra, ſans craindre de les offenſer.

Et la ſuppreſſion du fumier délivrera les provins du danger des insectes, diminuera l'effet des gelées, diminuera aussi la pourriture, & donnera au vin une qualité beaucoup supérieure; c'est ce que j'éprouve de la maniére la plus sensible depuis quelques années; mes vins blancs qui étoient autrefois de la plus petite qualité entre ceux de nos environs, & que je pouvois à peine garder une année entiére, se conservent à présent très-bien, sont recherchés par les vendeuses, & se débitent au même prix que ceux de nos meilleurs coteaux; cette différence est plus grande encore, dans le vin de ces espèces de plants qu'on appelle ici gois; ces vins étoient chez moi comme ailleurs, d'une qualité très-inférieure, & ils ont, depuis quelques années, au jugement des tonneliers, autant de force & de qualité que ceux de pur bon blanc, les raisins en sont beaucoup moins sujets à pourrir, ce qui étoit leur grand défaut. Mais cet effet n'est pas sensible dans les premiéres années, il faut du tems pour dégraisser la terre.

Cet avantage n'est pas contesté, & il fait le sujet d'un très-bon mémoire que j'ai vu autrefois dans le recueil de la Société Économique, où l'on fait voir encore combien il seroit intéressant de porter sur les terres à bled, tant d'engrais qu'on prodigue dans les vignes, dans un pays qui ne produit pas aſſez de bled pour la nourriture de ſes habitans; mais il eſt refuté par un autre où l'on établit très-bien, en ſuppoſant que ſans fumier les vignes produiroient moins de vin, qu'il ne ſeroit pas prudent de diminuer la production d'une denrée qui fait l'objet d'un commerce aſſuré & fort lucratif; commerce qui pourroit ſe perdre par ce moyen, pour augmenter des recoltes différentes & d'un avantage moins évident, & j'avoue qu'en partant du même principe, j'aurois panché pour ce dernier avis.

Mais s'il paroit, tant par l'expérience que par la théorie, que cet engrais eſt parfaitement & plus que remplacé par le renverſement profond de la terre des provins, ne reviendra-t-il pas au premier? Et on ſe perſuadera aiſément cette vérité, ſi l'on fait attention aux grands effets que produit cette eſpèce de bonification ſur toutes les autres piéces de terre; on ſait que la premiére opération néceſſaire pour établir un jardin, c'eſt d'en renverſer la terre profondément, ſans quoi il ne ſeroit jamais bon, quelque quantité de fumier qu'on y mit; les prairies artificielles qu'on établit de cette maniére ont auſſi un très-grand avantage ſur les autres, j'en ai fait ſouvent l'épreuve, particuliérement contre les accidens des grandes pluyes & des ſechereſſes: on connoît l'avantage des labours profonds dans les champs, & dans les plantations d'arbres, peut-on eſpérer quelque ſuccès ſans une fondation profonde ? Auſſi tous les anciens agriculteurs recommandent-ils les profondes cultures: cette attention conviendroit-elle moins à la vigne, qui ſemble au contraire l'éxiger plus particuliérement ?

Je remarque conſéquemment que cette ſorte d'amélioration fait un excellent effet dans mes vignes, elles produiſent autant qu'aucune de celles du même canton & ſouvent davantage; les jeunes vignes ſur-tout que j'ai fait provigner de cette maniére, & en foſſes, du haut en bas, ont extrêmement bien réuſſi; ces foſſes ont encore cet avantage dans les vignes qui n'ont pas beaucoup de pente, qu'elles facilitent l'écoulement des eaux, & font l'effet d'autant d'acqueducs, pendant pluſieurs années.

Je mettois cependant du fumier au fond des premiers terreaux, en plantant les boutures ou chapons, je n'étois pas encore perſuadé que la vigne put s'en paſſer, mais je commençois à ſoupçonner que le profond renverſement de la terre ſuffiroit, & dans chaque vigne, je marquai un terreau ou deux dans leſquels je ne fis mettre aucun engrais; ces terreaux là réuſſirent tout auſſi bien que les autres, cela m'encouragea à faire faire ceux des provins avec la même économie, & comme ils ont tous également proſpéré, je ſuis reſté perſuadé. Ces jeunes vignes, dont il y a environ 8 poſes, n'ont donc reçu aucun engrais, excepté le tranſport ordinaire des terres de bas en haut, & dans quelques mauvaiſes places depuis les années 1759, 60 & 61, qu'elles ont été établies; j'en ai même une demi poſe que je fis planter en 1764, ſans mettre aucun fumier dans les premiers terreaux, & elle eſt en tout auſſi bon état que les autres.

Je fis provigner mes anciennes vignes, environ dans le même tems, ſuivant le même principe, je commençai par une que je faiſois cultiver par des valets, en 1761, le vigneron même qui la faiſoit auparavant, n'y avoit prèſque point fait de provins, il ſavoit qu'il devoit ſortir, c'eſt-à-dire, n'y avoit prèſque point mis de fumier pendant les deux années précédentes; le ſuccès des provins qui ne tarda pas à ſe manifeſter, m'engagea à obliger les vignerons des autres vignes, à ſuivre la même méthode, & dès-lors elle a été pratiquée chez moi conſtamment.

Je fis une expérience en 1750, qui eſt bien propre à nous faire voir combien l'effet du renverſement de la terre eſt durable; j'avois une parcelle de vigne de blanc en mauvais état, de la contenance d'environ deux tiers de poſe; je la fis toute provigner en terreaux de 2 pieds de profondeur, & à 2 pieds de diſtance. Je laiſſois les intervalles pour en tirer les ſeps, je fis encore mettre du fumier au fond de la plus grande partie des terreaux, c'eſt-à-dire, au-deſſous des ſouches & mêlé avec la bonne terre, je n'avois pas encore vaincu le préjugé, mais je n'en mis point dans une partie & le ſuccès fut par-tout égal; les productions en furent très-petites dans les prémiéres années, vraiſemblablement l'opération fut faite avec trop peu de ſoin, les ſeps reſtérent trop long-tems en l'air, avant que d'être remis en terre, pendant qu'on creuſoit les terreaux & qu'il ſoufloit une biſe froide, c'étoit au mois d'Avril; je n'y recueillis la prémiére année qu'onze brandées de vendange*,

* On compte communément qu'une brandée de vendange rend les deux tiers d'un ſettier.

la ſeconde 12, c'étoit aſſûrément fort peu, mais cela augmenta conſidérablement dans la ſuite, la troiſiéme recolte fut de 17 brandées, quoique dans la généralité du pays, elle fut inférieure à la précédente; la quatriéme fut de 38 brandées, & la cinquiéme de 43; les années ſuivantes furent par-tout mauvaiſes, juſqu'en 68 que cette portion de vigne rendit 36 brandées, à raiſon de 3 chars par poſe, tandis que dans nos meilleurs vignobles on n'en faiſoit que 2, & l'année derniére 1772, elle a produit à raiſon de 45 ſeptiers; eſt-ce la marche du fumier de faire toujours plus d'effet pendant 13 ans conſécutifs? M. Vallerius Profeſſeur de Chymie & de Métallurgie à Upſal, dit qu'il ne dure que ſix ans *.

Les recoltes de mes vieilles vignes, ſi elles n'augmentent pas de même, ſe ſoutiennent du moins parfaitement, à proportion des ſoins des vignerons.

A quoi puis-je attribuer la proſpérité continuelle de ces vignes depuis 12 à 14 ans, ſans nouvel engrais? Ce ne peut-être certainement que

---

* Elémens d'agriculture, phyſique & chimique, traduit du latin. Yverdon 1766.

que l'effet de l'accroiſſement & de l'approfondiſſement des racines au milieu de cette terre renverſée, on ſait qu'elles ſuivent la bonne terre : les racines à cette profondeur, doivent durer très long-tems, elles y ſont beaucoup moins expoſées aux intempéries des ſaiſons, ſur-tout aux gelées des hyvers rigoureux ; l'effet de ce profond renverſement doit donc être beaucoup plus grand & plus durable que celui d'un engrais toujours plus ou moins volatil, placé tout auprès de la ſurface : je ſais que je n'apprends rien à perſonne en partant de l'utilité des racines, on m'avouera cependant qu'il ſemble qu'on oublie entiérement d'y penſer dans cette inconcevable opération ; ce qui doit contribuer encore à faire durer la fertilité des vignes une fois miſes en bon état & bien cultivées, c'eſt que leurs feuilles couvrent la terre pendant tout l'été, reçoivent la plus grande partie de ſes exhalaiſons, & que par l'effet de la circulation, cette ſève ſucculente rentre des racines dans la terre, comme j'ai tâché de l'expliquer dans ma petite brochure ſur le produit des bleds étrangers ; au lieu que dans les champs qui ſont labourés long-tems avant que les recoltes puiſſent les couvrir, toute l'évaporation qui ſe fait pen-

B

dant cet intervalle, eſt à pure perte, ce qui fait que les fréquens labours ſont très-utiles à la vigne, ſans l'effroter comme les terres.

Mes vignerons ſont très-contens à préſent de ma pratique. J'en ai 4 pour 20 poſes de vigne & quelques hutins. J'en ai eu 5 pendant longtems; ils réſiſtoient un peu au commencement, mais j'étois décidé; je ne leur donnai pas d'autre option que de quitter mes vignes ou de ſuivre ma méthode, ils ont tous préferé ce dernier parti & ils s'en louent beaucoup. J'en ai un qui n'eſt entré chez moi qu'en 65, il reconnut d'abord que la vigne que je lui rémettois étoit en bon état; c'eſt celle qui a été provignée la premiére ſans fumier, & il s'engagea ſans contradiction à continuer de la travailler de la même façon, mais il avoit encore du ſcrupule; il voulut, dit-il, en avoir le cœur net, il mit, ſans m'en rien dire, du fumier dans quelques creux de provins, & eut ſoin de les bien marquer, pour en voir le ſuccès à la vendange, il fut tel que j'aurois pu le deſirer, il n'oſa cependant me faire part de ſon expérience qu'au printems ſuivant, mais alors, comme je le regardois provigner, il ne put plus s'empêcher de me raconter le tout, de me conduire vers ſes marques, & de me faire admirer comme les manches de raisins étoient moins nombreux aux provins où il avoit mis du fumier qu'aux autres, je lui pardonnai volontiers sa petite désobéissance en faveur de son zèle, & je vis avec plaisir combien, si on pouvoit compter sur cette épreuve, cet avantage senti dès la premiére année, seroit propre à encourager les vignerons qui voudroient faire cet essai.

Je porte sur mes terres labourables tous ces engrais qui ne pourroient, à mon avis, que nuire aux vignes; & cette attention jointe à celle d'ensemencer toutes mes terres, toutes les années, de différentes graines, comme je le dis dans ma brochure déja citée, augmente mes moissons, comme on peut le penser. Ne sentira-t-on pas cet avantage dans un pays qui ne produit pas une quantité de bled suffisante, & où on a souvent beaucoup de peine à en tirer du dehors?

Cette méthode de faire des creux plus profonds & même un peu plus larges, augmente un peu la dépense de la main d'œuvre dans cette opération. J'ai compté que cette augmentation alloit à-peu-près au tiers, c'est-à-dire qu'on employe chez moi trois journées à faire le même nombre de provins qu'on ſait ailleurs en deux, & comme je ne veux pas augmenter la peine ou la dépenſe de mes vignerons, je me ſuis engagé à contribuer à cet ouvrage dans cette proportion, ainſi je paye les deux tiers dès journées, au lieu de la moitié que je payois auparavant, ſuivant un uſage aſſez commun dans ce pays; je double par ce moyen ma contribution, ſans augmenter celle du vigneron, puiſque d'un côté les deux tiers de 3 ſont le double de la moitié de 2, & que de l'autre le tiers de ce même nombre de 3 eſt bien égal à la moitié de celui de 2.

Ce ſurcroit de dépenſe n'eſt en aucune façon comparable au profit qui réſulte pour le maître de l'épargne du fumier. Pour mettre le lecteur en état d'en juger, je vais donner le compte de ce que me couta, il y a 12 ou 15 ans, la provignure d'une vigne d'environ 3 poſes, où il y avoit beaucoup à réparer par les ſuites de la gelée de l'hyver de 55. J'achetai pour cela 20 tombereaux de fumier, à 40 ſols argent courant chacun, cela faiſoit - - - - - - - - - - L 40 —
la voiture du village voiſin à 10 ſols. - 10 —
la moitié de 40 journées d'ouvriers
que me compta le vigneron, à 10 ſols - 10 —

Total de la dépenſe pour moi. L 60 —

Le même ouvrage, en travaillant à ma mode, au lieu de 40 journées en demanderoit 60, j'en payerois pour mes deux tiers 40, cela me couteroit 20 francs, mais tout se reduiroit à cela, je dépense donc aujourd'hui 20 francs au lieu de 60. Le prix des journées a peut-être un peu augmenté dès-lors, mais le fumier n'a-t-il pas renchéri aussi & au-de-là de la proportion ? Il ne faut pas même estimer le fumier seulement au prix d'achat. On sait combien il est avantageux d'en acheter pour en couvrir ses terres, & combien les bons économes en sont avides, il produit jusqu'au triple de sa valeur, quand il n'est pas d'un prix excessif; ainsi la méthode que je propose est évidemment d'une très grande économie.

J'ai crû devoir entrer dans ce détail, parce que plusieurs personnes éxagérent cette dépense.

On regarde comme un inconvénient l'embarras que donnent aux ouvriers les souches qui traversent quelquefois les creux, & qu'il faut cependant ménager; il est vrai que cela employe quelques momens de plus, mais cela n'arrive pas souvent, ce n'est pas un objet sur une journée, l'ouvrier tire alors la mauvaiſe terre de deſſous cette racine avec la pointe de ſon outil, il en met de bonne à la place ; cela coute peu & ſert beaucoup à faire proſpérer les ſeps des environs, à quoi contribue encore le ſurplus de la terre, qui ne rentre pas toujours toute dans le creux.

Il eſt vrai auſſi, qu'il y a des vignes dans leſquelles on ne peut pas creuſer bien bas, parce qu'on y trouve, à une petite profondeur, des lits de ſable ou de gros gravier, ou même des bancs de pierre impénètrables. J'avoue que dans ces cas-là il faut renoncer à ma méthode, mais cela prouve ſeulement qu'elle n'eſt pas applicable à toutes les vignes, & je me trouverois aſſez heureux, ſi elle étoit utile à toutes celles où elle eſt praticable : j'eſpère qu'on ne penſe pas devoir s'arrêter, lorſqu'on trouve ſeulement des pierres qu'on peut enlever, ou des terres argileuſes, blanches, jaunes ou de quelque couleur qu'elles ſoient ; toutes celles en un mot que les payſans appellent de mauvaiſes terres ; toutes ſe bonnifient en peu de tems à la ſurface, au moyen de quoi le renverſement eſt toujours extrèmement utile.

On dit encore que quelques perſonnes ont eſſayé ma méthode à la Côte & ſans ſuccès. Je réponds, qu'à ſuppoſer que l'expérience ait été bien faite, ce qui eſt toujours un peu douteux, cela peut venir de ce qu'on met communément beaucoup plus de fumier dans les vignes de la Côte que nous n'en mettons dans les nôtres. Ces vignes étant plus fécondes & leurs vins meilleurs, font qu'on n'épargne rien dans ces heureux vignobles pour leur bonification ; la culture a donc à remplacer dans ces vignes-là une plus grande quantité d'engrais que dans les nôtres, & ſans doute il faut pour cela que cette culture ſoit d'autant plus profonde : je n'ai cherché dans les miennes qu'à égaler les recoltes ordinaires de celles de nôtre pays ; peut-être ſi j'avois eu en vue une plus grande abondance, me ſerois-je induſtrié davantage. Les vignerons d'une partie de l'Avaux qui ont renoncé à la méthode de provigner leurs vignes, & qui, pour les renouveller, plantent leurs boutures toutes à la fois, en nombre ſuffiſant pour garnir le terrein, commencent par renverſer la terre à 3 pieds de profondeur, peut-être en faudroit-il autant à la Côte pour remplacer le fumier : je crois donc que ceux qui voudroient tenter ma méthode, feroient bien d'essayer dans quelque partie de leurs vignes, de donner aux creux de leurs provins un peu plus de profondeur que je n'en donne aux miens, je ne crois pas que cette dépense égalât jamais celle du fumier, & quand elle l'égaleroit, quand elle la surpasseroit même un peu, n'en seroient-ils pas dédommagés par la meilleure qualité des vins, par l'augmentation de la rente des terres, par la richesse du pays, & par le bas prix de la main d'œuvre qui suivroit bientôt?

Mais si on accumuloit les deux bonifications, & si on ajoutoit le fumier au renversement profond de la terre, ne feroit-on pas encore plus de bien à la vigne. On voit d'abord que cela ne rempliroit point les deux objets les plus intéressans de cette méthode, qui sont de perfectionner la qualité du vin, & de porter le fumier sur les terres, tout ce qu'on pourroit espérer d'obtenir par ce moyen, ce seroit d'augmenter la quantité des recoltes, & il est même fort douteux qu'on y réussit; le terrein en seroit sans-doute bien plus gras, plus fertile pour des recoltes différentes, il feroit bien passer à la vigne plus de bois, mais non pas plus de raisins; la raison de cela, c'eſt que ce n'eſt point la graiſſe ſeule du terrein qui fait produire à la vigne ſon excellent fruit, l'excès même peut y nuire; ce qui y contribue le plus, c'eſt la ſituation, c'eſt un certain degré d'élévation, c'eſt le ſoleil; nous voyons, par exemple, que le terrein du bas des vignes eſt bien plus gras que celui du haut, le bois y vient plus grand, chacun peut remarquer cela dans ſa vigne, comme dans ſon pré ou dans ſon champ; mais le raiſin eſt toujours plus beau, meilleur, plus abondant même, ſur le haut des coteaux, ce qui prouve que ce n'eſt pas par la graiſſe du terrein qu'il faut juger de la bonté d'une vigne, & que ce n'eſt pas la même ſève qui produit le bois & le raiſin: nous avons ſans-doute bien des vignes dans notre pays bas, dont le terrein eſt auſſi gras qu'il peut l'être dans celles de la Côte ou de l'Avaux, mais elles ne donnent pas pour cela ni autant, ni d'auſſi bon vin.

Qu'eſt-ce donc qui fait l'avantage de ces heureux coteaux? Leur ſupériorité à tous égards vient, à mon avis, non-ſeulement de ce qu'ils ſont élevés, & aux meilleures expoſitions du levant & du midi, mais particuliérement de ce que ces coteaux ſont placés ſur les bords de notre lac, où la largeur en eſt la plus grande, par ce moyen ces vignes reçoivent des vapeurs extrèmement fécondes & très-abondantes, parceque l'air n'en eſt point dépouillé par aucun arbre ni arbuſte également élevé, & il eſt certain que les plantes voiſines ſe dérobent mutuellement la nourriture; nous voyons auſſi qu'à meſure que le lac s'élargit, en approchant de la Côte, les vins des coteaux qu'il baigne deviennent meilleurs & les vignes plus fertiles, ceux qui, élevés ſur le penchant des montagnes, dominent ſur une grande étendue de plaine ou ſur quelque grande riviére, ont le même avantage, juſqu'à un certain degré d'élévation cependant, au-de-là duquel l'air ſeroit trop froid; de tout tems on a remarqué que la vigne ſe plaiſoit ſur les coteaux, *Bacchus amat colles*; dans cette région moyenne l'air eſt plus chaud, le mercure s'y élève plus haut dans le thermomètre que plus près de la ſurface de la terre; ſans-doute les exhalaiſons qui ſortent de la terre, immédiatement remplies de particules ſalines, terreſtres & acides, ne peuvent que refroidir l'air, c'eſt ce qui fait que les lieux bas ſont plus ſujets à la gelée, & que les plantes & les fruits qui y croiſſent, ſont d'une qualité inférieure à ceux que l'on trouve ſur les lieux élevés, comme on l'obſerve dans les plantes des montagnes.

On peut remarquer encore que l'avantage de l'élévation ſe fait ſentir à une moindre hauteur, au-deſſus des lacs & des grandes riviéres, qu'au-deſſus de la plaine, parceque les vapeurs qui s'élèvent des eaux ne contiennent pas autant de particules réfrigerantes que celles qui ſortent de la terre; peut-être même portent-elles avec elles plus de feu: on dit que les vapeurs en ſont le véhicule, ce qui eſt conforme à des obſervations très-générales.

Que le feu contribue particuliérement à la bonté du vin, c'eſt ce qui paroît par l'extrême influence du climat, de l'expoſition, de la beauté des ſaiſons, ſur la qualité de cette liqueur; l'eſprit qu'on en tire eſt même tout feu, & le vin eſt d'autant plus fort & meilleur qu'il en contient davantage.

C'eſt auſſi la quantité de ce même élément que reçoit la vigne, qui décide de l'abondance de ſes récoltes; les années les plus fertiles en vin, ſont toujours celles qui ſuivent ſes étés les plus chauds, & dans celles, au contraire, qui ſuccèdent à des étés froids & pluvieux, il ſort peu ou point de raiſins : le fruit ſe forme dans le bouton, qui s'en remplit d'autant plus, qu'il eſt échaufé par un ſoleil plus ardent. Halles * appuye cette obſervation de l'éxemple de l'année 1725, & on ſe ſouvient aiſément des grandes pluyes des étés de 58, de 68, & d'autres qui anéantirent à-peu-près les recoltes de la 2 année.

Il paroît donc que c'eſt le feu qui contribue principalement à la proſpérité de la vigne, & que le fumier ne contient prèſque que des élémens contraires.

Quelques perſonnes propoſent une autre maniére de renouveller la vigne, c'eſt de prendre la méthode de ces cultivateurs des vignes de l'Avaux qui, chaque année, replantent à neuf une portion de leurs vignes, après en avoir renverſé la terre à trois pieds de profondeur, & la garniſſent entiérement de boutures, plantées ſimplement avec un pieu de fer que nous appellons *pauſer*, ſans jamais les provigner. J'ai vu des vignes établies de cette maniére depuis 5 ou 6 ans, qui paroiſſoient en

* Statique des Végétaux.

fort bon état, produire beaucoup, mais j'en ai vu d'autres plantées plus anciennement de la même façon, qui dépérissoient tout-à-fait : c'est qu'on ne provigne pas seulement pour abaisser, repeupler, bonnifier la vigne; il faut principalement la rajeunir, c'est une plante qui vieillit comme toutes les autres, & peut-être en assez peu de tems ; il faut donc, quand on s'est réduit à cette opération, la réiterer après un certain nombre d'années, & cela me paroît bien couteux, en y joignant sur-tout la privation entiére de 5 récoltes, car on ne recueille rien qu'au bout de ce terme, & il faut toujours cultiver dans l'intervalle ; en verité c'est racheter cette portion de vigne : au lieu qu'en provignant peu-à-peu, à mésure que la vigne l'éxige, on pourvoit à tous ses besoins, sans beaucoup de dépense, & sans souffrir jamais de privation totale.

Je me flatte que ces observations paroîtront utiles, comme tendantes à augmenter la qualité des vins, & la quantité des grains & des fourrages qu'on peut recueillir dans ce pays. C'est ce qui m'engage à les présenter à une société, qui s'occupe avec tant de zèle de tout ce qui a rapport aux arts utiles, c'est-à-dire au bien-être des hommes; c'eſt le devoir de tout citoyen, de communiquer le peu de lumiéres qu'on peut avoir ſur des objets auſſi intéreſſans, mais c'eſt le mien en particulier; après que cette Illuſtre Compagnie m'a fait l'honneur de m'aſſocier à ſes travaux, en me recevant au nombre de ſes membres.

*Frontenex, le* 10 *Août* 1773.

DE SAUSSURE.

www.ingramcontent.com/pod-product-compliance
Ingram Content Group UK Ltd.
Pitfield, Milton Keynes, MK11 3LW, UK
UKHW020223180726
13838UKWH00005B/2150